U0151724

新时代艺术与传播实战系列丛书

DESIGN PRACTICE

室内空间形态与装修设计实战

（第3版）

唐维升　马燕妮　编著

四川大学出版社
SICHUAN UNIVERSITY PRESS

图书在版编目（CIP）数据

室内空间形态与装修设计实战 / 唐维升，马燕妮编著. — 3版. — 成都：四川大学出版社，2023.11
（新时代艺术与传播实战系列丛书 / 唐维升，殷俊主编）
ISBN 978-7-5690-6475-9

Ⅰ．①室… Ⅱ．①唐… ②马… Ⅲ．①室内装饰设计 Ⅳ．① TU238.2

中国国家版本馆 CIP 数据核字（2023）第 214902 号

书　　名：室内空间形态与装修设计实战
　　　　　Shinei Kongjian Xingtai yu Zhuangxiu Sheji Shizhan
编　　著：唐维升　马燕妮
丛 书 名：新时代艺术与传播实战系列丛书
丛书主编：唐维升　殷　俊

选题策划：王　冰
责任编辑：王　冰
责任校对：陈　蓉
装帧设计：陈　佳
责任印制：王　炜

出版发行：四川大学出版社有限责任公司
　　　　　地址：成都市一环路南一段 24 号（610065）
　　　　　电话：（028）85408311（发行部）、85400276（总编室）
　　　　　电子邮箱：scupress@vip.163.com
　　　　　网址：https://press.scu.edu.cn
印前制作：成都墨之创文化传播有限公司
印刷装订：四川五洲彩印有限责任公司

成品尺寸：185 mm×260 mm
印　　张：8
字　　数：149 千字

版　　次：2019 年 8 月 第 1 版
　　　　　2023 年 11 月 第 3 版
印　　次：2023 年 11 月 第 1 次印刷
定　　价：68.00 元

本社图书如有印装质量问题，请联系发行部调换

扫码获取数字资源

四川大学出版社
微信公众号

内容简介

　　室内环境设计师所面临的一大挑战是如何根据建筑类型、室内空间形态、业主需求等不同因素进行装修设计，并探索室内设计领域新的可能性。本书采用行业领军企业、一线设计团队面对不同的室内空间形态、不同功能结构、不同风格要求的装修设计实践案例，对家装设计的过程与结果进行详细说明，并对设计过程中的关键时间节点、设计要点及对设计师的能力要求进行重点阐释，是艺术设计专业本科生、研究生学习环境设计、室内设计、产品设计的专业性、实践性教材，也是面向相关设计从业人员、家装爱好者的专业读物。

版权说明 | COPYRIGHT NOTICE

作者简介
INTRODUCTION

唐维升

重庆市家居行业商会会长，中国传媒教育实践基地联席主席，重庆全案设计研究院院长。重庆工商大学艺术硕士教材体系建设指导专家，重庆工商大学艺术学院客座教授、硕士生导师，重庆工商大学MFA艺术硕士协同创新中心主任，重庆市可视化大数据众创空间研究员、创业导师；重庆交通大学艺术设计学院"艺术+工程"创新团队特聘教授。重庆俏业家装饰工程有限公司创始人和董事长。主持、主研重庆市社会科学规划重点项目"家居艺术设计与传播研究"等省部级项目多项。

马燕妮

重庆工商大学传媒发展中心副主任，重庆市社科联"社科5分钟"执行副总编辑，教授。中国新闻史学会台湾与海外华文传媒专委会常务理事，中国传媒教育实践基地秘书长，中国新闻社海外华文传媒研究中心特聘专家，中国建筑装饰协会建筑装饰高级设计师。主持重庆市社会科学规划重点项目"网上社科普及内容精品化、系列化路径研究"等省部级项目多项，发表权威及核心期刊论文多篇，出版专著多部。

CONTENTS
目录

第一章

极简 格调

　　现代派大师密斯·凡德罗，曾提倡LESS IS MORE——在满足功能的基础上做到最大程度的简洁。简约风格的特色就是将设计元素、色彩、照明、原材料简化到最少的程度。它起源于现代派的极简主义，在20世纪80年代中期对复古风潮的叛逆和极简美学的基础上发展起来。所以简约风格不仅注重居室的实用性，还体现出了工业化社会生活的精致与个性，符合现代人的生活品位。在设计上，对每一个细小的局部和装饰深思熟虑；在施工上，精工细作；在装饰要素上，要求简单大方、线条流畅，追求色彩、材料的高质感。简约而不简单，强调功能、结构和形式的完整，追求材料、技术、空间表现深度与精确性，才是简约风格的真谛。

简而不凡

SIMPLE YET EXTRAORDINARY

龙湖·尘林间

Type	Area	Style
户型	面积	风格
三居室	160m²	现代简约

—— 原始户型图 ——

—— 结构改造图 ——

DESIGNER

杨洁
导师设计师

- 从事装饰设计行业11年
- 现代、简约、轻奢、新中式、北欧等
- 重庆工商大学MFA导师
- 中国建筑装饰协会会员设计师
- 国际室内建筑装饰（ICDA）设计师协会
  会员设计师

"做好设计，做好的设计"

空间解析 SPATIAL ANALYSIS

本套案例户型基础很不错，面积宽裕，只需要对局部优化，即可达到业主对理想居所的要求。首先，将观景阳台包入室内，解决客厅空间不足的尴尬，加整面落地窗，光线更足、更显大气；其次，拆除次卧非承重墙，与主卧打通，使其形成宽敞的套房，面积更大，动线清晰，同时实现女主人专属超大衣帽间的愿望。

设计思路 DESIGN CONCEPT

设计师以简约为理念，采取以少胜多、以简胜繁的手法，做出设计上的取舍。素雅的白色、低饱和度的软装，使整个空间呈现出清爽素雅的格调。一两件黑灰色的家具点缀，恰到好处地平衡视觉焦点。花朵形状的落地灯造型别致，丰富空间意趣，筒灯与射灯组合，搭配若隐若现的梦幻窗帘，带来别具一格的浪漫气息。

作品赏析 WORK APPRECIATION

设计师以女性视角，抒发对美的理解。简约的时尚元素，保留原汁原味的形态之美，突出生活的精致感和高级感。入户玄关，定制到顶的转角鞋柜，一面落地全身镜，预留缓冲带的同时，给予足够的收纳空间，营造满满的归家仪式感。客厅电视墙中部留空，底层用木饰面与格栅拼接，增加层次感。无主灯设计，利用线性灯拉伸视觉，顶面各横梁交接处弧度造型，视觉层次更显起伏，凸显整体空间的和谐之美。

01 毛毛虫沙发
材质：布艺

02 创意落地灯
材质：合金+布

03 全身落地镜
材质：金属+玻璃

餐厅岛台式设计，透明玻璃餐桌与岛台相连，形成洄游动线。地面白色浅暗纹大板砖通铺，更显流畅。

卧室延续简约风格，米白色床靠搭配淡金色床品，灰紫色背景墙以线条和色块拼接，打造静谧雅致的休憩空间。置身其中，你会发现空间轻盈而通透，内心的浮躁也能瞬间得到释放。

专家点评
EXPERT'S REVIEW

设计师从实际生活场景出发，再从整体美感入手，细化局部的功能与细节，从而达到视觉效果与居住功能的平衡。超大客厅公区、静谧休憩区、梦幻的色彩搭配等多个亮点叠加，使业主能享受到更加简单纯粹、舒适温馨的居家生活！

化繁为简
喧嚣中觅岁月静好

DESIGNER

谢瑞寒

首席设计师

- 从事装饰设计行业11年
- 现代、极简、意式、日式、中古、混搭
- 2020年度俏业家优秀服务荣誉奖
- 第五届"金巢奖"室内设计大赛最佳视觉呈现

"倾听，感受，专注，用我所长，筑你之家"

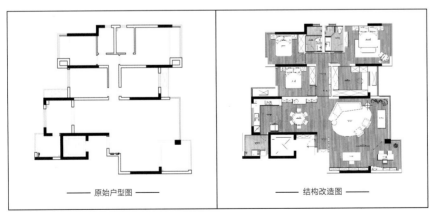

—— 原始户型图 ——　　　　—— 结构改造图 ——

SPATIAL ANALYSIS

　　房屋原本户型方正，采光好。业主重视家庭成员之间的关系和情感连接。设计师采用去客厅化设计，让客厅、餐厅、书画区形成互通，增加空间与空间的交流。

　　四居室改三居室，主卧变套房设计，居住舒适性提升。过道加宽，增加展示柜，让空间更宽敞丰富，提升收纳性能。

设计思路 DESIGN CONCEPT

　　本案业主一家四口，书香世家，三代同堂，家庭氛围和睦，从事艺术职业的女主人热爱收藏杯盏，需要在家里保留一个展示区域。

　　设计师在整个空间做减法，突出回归自然的闲适感。色调以灰白原木色为主，营造一种进入空间就能让心静下来的状态，打造出带着书香及禅意的氛围，更显业主家清雅的气质。

01

01 棉麻沙发
材质：棉麻+实木框架

URBANE
STYLE

作品赏析 **WORK APPRECIATION**

本案例重点突出侘寂风的自然与朴实，阳光进入室内，点亮一室静谧。设计师在公区大量运用实木柜体和仿石材质，营造出浓厚的自然氛围，棉麻的沙发与羊毛地毯则中和木头与石材带给人的厚重感，也使公区空间层次感更丰富。卧室区域定制实木地台床与棉麻质地的窗帘相呼应，主打惬意与舒适，让人的身心能够极致放松，享岁月静好。

除了减少物理墙体在空间中的遮挡，设计师还用同色系、同材质的使用搭建出不同空间的联系，使得空间的交互性更强。

02 浴室异形镜
材质：镜子+LED灯

　　整个案例一体化程度很高，风格高度和谐统一，可见设计师对简约侘寂风格的理解运用之透彻。细节处的材质选取以及功能区划分能窥见案例将人文与设计美学相结合的影子，美且实用。

律动曲线 SPATIAL AESTHETICS
勾勒空间之美

—— 1楼原始户型图 ——

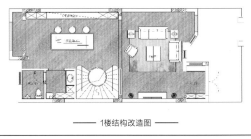

—— 1楼结构改造图 ——

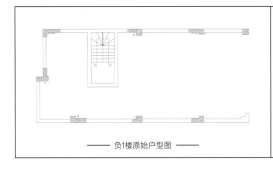

—— 负1楼原始户型图 ——

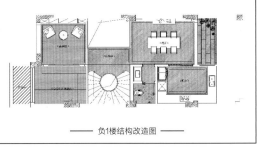

—— 负1楼结构改造图 ——

空间解析 **SPATIAL ANALYSIS**

　　本套案例为联排复式结构，地下两层地上三层，原始面积非常大，可利用的空间也较多。结合业主的实际需求，设计师对原始结构做了一些优化调整。

　　厨房挪到负一楼，预留采光井，半开放式设计，最大化利用空间。一楼原始的厨房位置则改为盥洗室和客卫，方便家人或来客的日常使用。楼梯位置整体移位，打造旋转阶梯，搭配感应灯，增添灵动意趣。

唐顿庄园

Type	Area	Style
户型	面积	风格
联排复式	400m²	现代简约

业主追求简单纯粹的本真态度。设计师
以清新明快的色彩为基础，大面积运用经典
的黑白灰组合，突出宽敞感和通透性。运用
曲线和不规则形状的软饰，突出室内空间的
质感与美感，打造出富有极简主义精神的理
想场所。

作品赏析 **WORK APPRECIATION**

　　回归生活本质，追求简约与极致的双重享受是业主的实际需求，也是设计师对每个空间重新划分、量身定制的精彩演绎。

　　客厅区域去除烦琐的窗帘设计，采用灵动感十足的百叶窗把光线引进室内。薄如蚕丝的灯罩层层叠叠地从楼顶自然垂坠，伴随光影变化带来轻盈的视觉享受。

　　楼梯采用曲线造型，无棱角的平滑质感带来柔和之美。脚踩梯台，感应灯随着拾级而上的步伐陆续点亮，如同无声的键盘，奏响生活的律动。

01 创意蜘蛛椅
　　材质：布艺

02 抽象艺术摆件
　　材质：金属

03 云朵吊灯
　　材质：金属

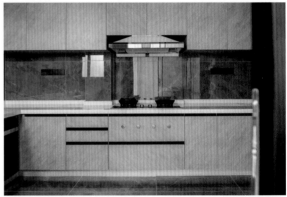

挪至负一楼的餐厨区，让家人拥有更私密的用餐环境。抬头向上，采光井洒下阳光，将极简风的光影艺术与留白贯穿到底。娱乐区鲜明的色块碰撞，增加活泼属性的同时，也为朋友聚会带来更多的愉悦心情。

04 金属底座花器
材质：金属

05 床头柜
材质：木质

卧室延续简约元素。主卧低调内敛，软包造型独特，床头柜黑白相间，个性十足，雅致的空间开阔而灵动，富有情调。次卧将外阳台包进室内，粉色软包床头释放肌理触感。

设计师大胆运用简约美学，通过几何线条、明亮色彩的组合，将累赘的部分去掉，通过柔和的曲线和自然光的引入，不仅完美解决采光不佳的问题，而且极大地提高了空间利用率。各个空间交相辉映，房屋颜值飙升，带来强烈的视觉享受！

阔景大平层

机长与空姐的专属"头等舱"

EXCLUSIVE
FIRST-CLASS CABIN

Modern
minimalism

—— 原始户型图 ——

—— 结构改造图 ——

 **SPATIAL ANALYSIS**

　　本套案例为四房两厅三卫，户型方正通透，180°采光的正方形景观阳台视野开阔。室内区域根据业主需求做针对性优化。首先，利用玄关转角和书房墙面定制壁柜，解决储物问题，造型悬空处理，增加轻盈感。

　　其次，原厨房进深较短、采光不佳，把厨房门改作联动门，尽可能扩大餐厨区的空间，增加采光。保留两个卫生间，增加儿童房使用面积，空间分布更加合理。

龙湖·昱湖壹号嘉镧

Type	Area	Style
户型	面积	风格
四居室	164㎡	现代简约

设计思路 DESIGN CONCEPT

　　本案业主是漂亮空姐+帅气机长的"CP组合"，三口之家幸福低调。对于新家的要求：简约有颜值，舒适有格调。设计师以现代简约为基调，为其打造专属于他们的"头等舱"。

　　简单的设计手法将关怀蕴藏于细节之处，巧妙的考量提升居家的便利性与舒适感。低饱和色彩的运用，奠定温馨底色，辅以充满质感的大理石、金属与布艺等材质的装饰，营造出简约风格独有的质感与细腻。

设计师放大原户型结构的优点，尽可能通过简约、实用的设计元素，强调功能性与高级感的完美融合。

玄关壁柜采取悬浮式设计，预留进深宽裕的柜子，开合方向各朝一方，不仅方便深夜返航的男业主进屋即可放置行李箱，不扰妻子清梦，同时也方便制服和鞋子分开收纳，不受污染。

客厅整体以典雅的灰白色和低调的浅金色为底，营造出家的温馨氛围。金属质感的立式台灯、灰棕色的布艺沙发、米白色的电动窗帘，时尚简约又赋予空间更加柔和的艺术质感。

开放式茶室+书房，功能合二为一，给生活预留一隅闲散空间。

01 立式台灯
　　材质：金属

02 创意单人椅
　　材质：布艺

03 装饰摆件
　　材质：金属

卧室空间以简洁线条和无主灯设计增添轻盈感，亮棕色的床靠让卧室多了几分活泼和温馨。整个案例保持色彩上的克制与理性，在适当位置留白，减少视觉上的负担。

专家点评
EXPERT'S REVIEW

何为简约？它是经过深思熟虑后，删繁就简的设计和思路的延展，是对设计师取舍能力的考验。本套案例看似简单，但细细品味，不难发现隐藏在细节里的巧思、精致、高级与实用，这也正体现了设计师的独具匠心和专业设计功底。

第二章

欧美 格调

　　我们所说的"美式风格"，一般指Federal Style（联邦式风格），是美国生活方式演变到今日的一种形式。美国人崇尚自由，这也造就了其自在、随意、不羁的生活方式，在室内设计上没有造作的修饰与约束。美式风格讲究的是如何在生活经历中摸索出独一无二的审美理解。

　　法式风格的主要特征在于布局上突出轴线的对称和恢宏的气势，细节处理上注重雕花、线条，制作工艺精细考究，推崇优雅、高贵和浪漫。它基于对理想情境的想象，追求建筑的诗意，力求在气质上给人深度的感染。

AMERICAN LIGHT LUXURY

高级杏灰
打造美式轻奢

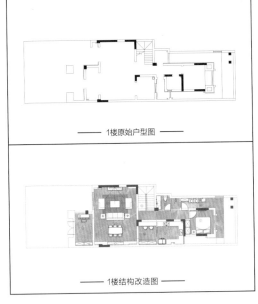

—— 1楼原始户型图 ——

—— 1楼结构改造图 ——

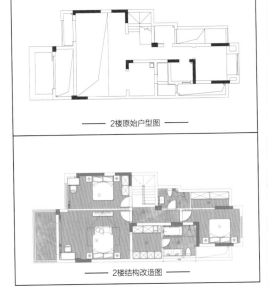

—— 2楼原始户型图 ——

—— 2楼结构改造图 ——

保利观塘香颂

Type	Area	Style
户型	面积	风格
叠拼	240m²	现代美式轻奢

SPATIAL ANALYSIS
空间解析

本套案例是一个三层楼的叠拼别墅，单层面积在80㎡左右，结构常规但隔墙较多、空间零碎。设计师采取"化零为整"的改造思路：拆除负一楼过道，打造亲子互动区和西式吧台；拆除一楼客厅与厨房之间墙体，取消公共卫生间，扩大厨房面积，营造公区的通透感；二楼局部现浇增加卧室使用面积，优化整体动线，满足一家六口的和谐安居。

01 不规则艺术镜
材质：金属+玻璃

02 潘多拉圆形茶几组合
材质：岩板+金属

设计思路 DESIGN CONCEPT

　　家居生活的品质往往在细枝末节之处彰显。设计师结合业主的需求和喜好，定调美式轻奢风格，整体以偏冷调的高级杏灰色打底。通过简洁利落的硬装设计来优化户型结构，实现通透感。辅以软装搭配、灯光设计提升格调，营造出优雅的美式家居效果。

　　在本案中，线条的运用是点睛之笔，延伸视线的同时增强空间的秩序感。而自带透视效果的水晶、亚克力等材质的加入，让家在光影之间被完美塑造出美式轻奢的舒适与浪漫。

作品
赏析　WORK
APPRECIATION

灰色的运用十分考验设计师对于色彩的把控力，轻则寡淡、重则沉闷。本案以杏灰为主色，并在此基础上调和了一点暖色调，让整体效果更柔和舒服。局部加入金属材质，增加视觉重点，使整个空间"清而不冷"。

软装家具方面，也注重材质的挑选，软包沙发中和空间的刚硬气质，添一分柔美，典雅不失稳重，刚柔并济给居住者以无限遐想，丰富的层次凸显设计之美，实用与美观兼得。

03 水晶吊灯
材质：不锈钢+电镀工艺+亚克力

04 金色吧凳
材质：铁艺支脚+皮革坐垫

将"刚"与"柔"在空间中极致糅合，舒适柔美的氛围中透露出规整感，丰富的线条语言勾勒出家的温度与品质。设计师通过对高光泽度和通透度的材料的运用，点亮空间，提升视觉美感。

专家点评
EXPERT'S REVIEW

泰山七号壹街区

Type | **Area** | **Style**
户型 | 面积 | 风格
四居室 | 180m² | 轻奢美式

典藏幸福生活

AMERICAN
LIGHT LUXURY

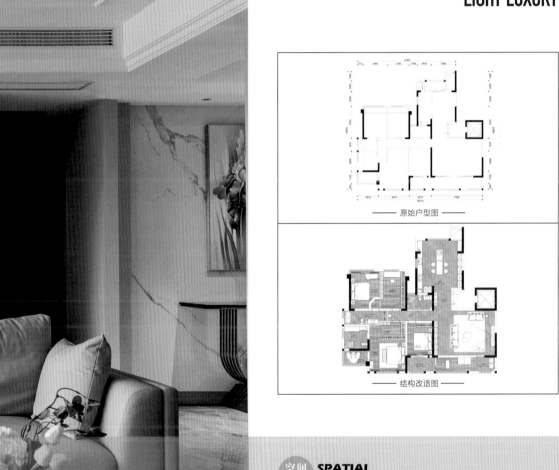

—— 原始户型图 ——

—— 结构改造图 ——

 **SPATIAL ANALYSIS**

　　原户型三面采光，视野优越，户型基础很不错。结合一家三口的生活习惯，设计师通过空间整合来优化局部功能，打造高品质的生活居所。厨房、餐厅、生活阳台三区合一、隔墙拆除，塑造出大气通透的开放式餐厨空间。10.7m²的内阳台一分为三，两端做成洗衣房和晾晒区，中间保留观景功能，极大提高空间利用率。

设计思路 DESIGN CONCEPT

业主喜欢美式风格的精致与贵气，同时期待都市家居的便捷与实用。设计师结合美式与轻奢的特点，以太空灰为底色，大面积铺开，局部点缀玫瑰金，增加视觉重点。把浪漫作为主旋律，达到精致但不浮夸、简约但不简单的视觉效果。

01 台灯
材质：布+LED灯

02 轻奢布艺餐椅
材质：绒布+不锈钢钛金

入户玄关，墨纹白底的大板瓷砖上墙，轻奢黑金色玄关桌加上抽象派的花瓶挂画，丰富空间美感的同时，极大增强归家的仪式感。

客厅墙面选用沉稳的太空灰为主色调，搭配极简的电视背景墙，通过经典的石膏线条和复古壁灯，烘托浓浓的时尚感和高级感。无主灯设计使得整个顶面干净清爽；边吊和线条的拉伸，使整个空间温馨而精致。餐厨一体，采光和通风效果达到最佳。井字吊顶+金色的流星雨吊灯，增添一丝令人着迷的古典浪漫。

主卧延续了公区的装饰元素，超大的全景窗户
搭配抽象的水晶台灯，带来四季的光影艺术。咖啡
色的床靠、鎏金的挂画，让空间多了一丝慵懒。

孩子的房间更贴合少年灵动轻盈之感，墙漆选
择雾霾蓝和太空灰拼色，跳跃而不突兀。地台床的
设计让整个休息区重心降低，让空间更加放松。

　　本案例通过线条造型保留了美式风格的精神内核：浪漫不羁、低调贵气。通过"做减法"，用淡雅的墙面色调让室内气质清新优雅。设计师从实际生活场景出发，优化空间功能，达到视觉美感与居住便利的平衡，给予入住者多重体验。

江南融府

Type	Area	Style
户型	面积	风格
四居室	130m²	复古美式

RETRO AMERICANO

AMERICAN STYLE
复古美式
住进田园梦想

空间解析 **SPATIAL ANALYSIS**

原始户型层高仅2.75米，加上业主有安装中央空调和地暖的需求，对设计师来说是一种考验。在极限的层高条件下，毫厘必争。

顶部井字形吊顶，错落设计，隐藏出风口的同时不压制层高。结构改造结合业主的家庭成员情况，采取化零为整的思路，拆除多余墙体，扩宽使用区域，地面通铺仿木纹瓷砖，放大横向的空间感。主卧与次卧位置对调，做成套房，同时解决了原始卫生间过小的问题。

—— 原始户型图 ——

—— 结构改造图 ——

设计思路 DESIGN CONCEPT

　　有着多年留学经历的业主，对生活品质有极高的要求，尤其喜欢美式复古的气质与格调。设计师以《爱乐之城》为灵感，硬装造型别出心裁，结合功能需求，放大风格特色。软装上精细雕琢，用色大胆，蜂蜜黄与复古绿碰撞出田园之美，营造出精致的复古氛围。

　　半护墙造型和古典风格的家具，为空间在浪漫格调中增添了一份稳重感。景观阳台大扇落地窗引入自然光线，搭配井字形的边吊，增强了空间通透感。宫廷风的灯具、壁饰和地毯更显精致，视觉上轻重得宜。

卧室空间注重舒适和美观，整体氛围静谧轻盈。复古鹿角壁灯、雕花斗柜和印象派油画，为主卧空间增添几分神秘与浪漫。次卧注重清爽，配色采用嫩绿色+普罗旺斯紫，整体偏浪漫清新，轻松而自在。复古吊灯与蜡烛造型壁灯搭配雕花大床，凸显灵巧心思。

钟情莫兰迪

处处皆风景

—— 1楼原始户型图 ——　　　　　—— 1楼结构改造图 ——

—— 2楼原始户型图 ——　　　　　—— 2楼结构改造图 ——

空间解析 SPATIAL ANALYSIS

　　本案例为四层楼的联排中户别墅，单层户型结构狭长，空间充裕有余、开阔不足。设计师需要重新构建生活动线，划分功能空间。

　　底层层高5.2米，现浇一层一分为二。楼下两层为生活区：负二楼连通地下车库，规划出行门厅和舞蹈室。负一楼为餐厅厨房，作为核心生活区。

　　楼上三层为休息区：一楼结构重组，连通小花园，增设茶室，将其作为会客场所和老人起居卧室；二楼挑空区域全部现浇，作为儿女各自的套房，扩宽起居空间。三楼化零为整，小空间划进主卧套房，整体呈L形布局，提升居住体验。

唐顿庄园

Type | **Area** | **Style**
户型 | 面积 | 风格
联排别墅 | 360m² | 美式轻奢

设计思路 | DESIGN CONCEPT

　　本案业主是三代同堂，六口之家，起居习惯和生活需求差异明显。在设计上需要结合每个个体的情况，满足每个人的小情怀。

　　综合考虑之下，设计师在硬装上大刀阔斧改动，用软装润色、配饰点缀，打造出沉稳大气而不失温馨的幸福居所。以莫兰迪色系作为整个家的底色，高级而不失温度，沉稳而不失亲和。大量使用线条拓展空间立体感，异形曲线加持，成为空间美学的灵魂；水晶元素和金属材料碰撞，璀璨与轻奢脱颖而出。

WORK APPRECIATION

作品赏析

　　暖棕与蓝灰撞色，方框与几何线条，营造出客厅理性的视觉磁场，乳胶漆与硬包材质增加层次感。大理石电视背景墙，华贵而不惹眼，搭配PU线条装饰和金属水晶灯，典雅中透露着时尚。专为爷爷开辟的茶室，紧挨客厅又临近老人的卧室，动线简短，实用至上。

　　负一楼餐厨区，开放式厨房与餐厅连为一体，隐藏狭长空间的弊端，整体开阔通透。大理石圆桌和圆形吊顶上下呼应，水晶灯饰和大理石台面在金属的光泽下极显奢华。楼梯之中，线性长吊灯倾泻而下，淡金色和浅黄灯光交相辉映，绚丽夺目。

女儿房间以"追梦"为主题，橘粉色打底，柔和但不幼稚，热情不失沉稳，蒲公英造型灯具轻盈空灵，独具现代艺术美感。儿子房间以"茁壮"为主题，沉绿色墙漆，稳重自然，象征蓬勃的生命力。

三楼主卧减少灰色，增加奶黄色、淡金色、明橘色等暖色，高级又柔软，质感十足。书房的工作台选用与柜体、瓷砖相呼应的浅灰色，造型别致，尽显高雅大气。

当居者的生活习惯、审美需求跨度较大时，设计师需要去平衡、融合，做适当取舍，寻找到适合每一位居者的中间值。

本案设计师通过相似的色调运用手法、不同的色调选择，相似的硬装造型、不同的软装处理，打造出整体基调统一，不同空间各有其美的居所。

现代美式混搭

MIX AND MATCH

兼容与调和的艺术

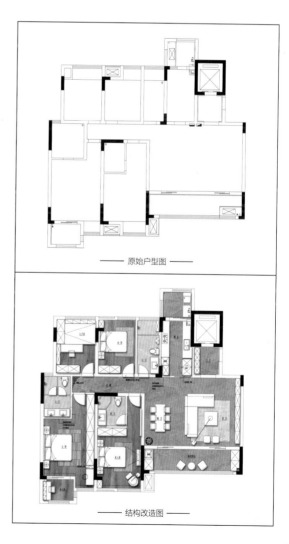

原始户型图

结构改造图

北大资源兰亭序

Type	Area	Style
户型	面积	风格
四居室	150m²	现代美式混搭

DESIGNER
谢瑞寒
首席设计师

- 从事装饰设计行业11年
- 现代、极简、意式、日式、中古、混搭
- 2020年度俏业家优秀服务荣誉奖
- 第五届"金巢奖"室内设计大赛
  最佳视觉呈现

01 创意花瓶
材质：陶瓷

"倾听，感受，专注，用我所长，筑你之家"

 **SPATIAL ANALYSIS**

　　原户型是一个标准四居室，一梯一户，各空间分布均匀，房屋大框架和空间定位基本满足居住者需求，只需局部优化。

　　结构的考虑上，保留主卧、儿童房和老人房，满足一家三口及奶奶的日常起居。剩余一间卧室，业主原本想打造为书房，但考虑到家中亲戚长辈常来探望小住，最终还是保留为客房，设计师另寻他路来实现家人的书房梦。

02 抽象装饰画
材质：铝合金外框+亮光油画布

设计
思路 **DESIGN CONCEPT**

　　本案例以现代美式混搭为方向，整体设计干净清爽，轻盈灵动，明朗的线条与通透的布局勾勒出三代同堂惬意舒适的家。

　　奶咖色打底，构造空间温馨的基调，辅以造型硬朗、颜色厚重的家具软饰调和，增强空间的大气质感。循序渐进的处理手法，让风格在不同空间里平稳过渡，设计细节无处不彰显着设计师对"兼容与平衡"的理解与诠释，互相依靠而又互不干扰，让家里每个人都能各取所爱。

设计是一种调和的艺术，对于差异悬殊的喜好与需求，尤其需要平衡兼容。业主夫妻希望新家拥有现代风格的大气干练，又想保留老母亲所钟爱的美式温馨与柔和。还有三代人不同生活习惯的调和，需通过设计用更聪明的方式让其得以实现。

设计师对书房功能进行拆分，书柜与电视柜合为一体，满足男业主藏书需求。工作台则移至主卧内阳台。观影设备选择上，考虑到业主夫妇喜欢投影，而老年人习惯传统电视机，索性将两者兼并——电视机隐藏在黑色隔板内，奶奶想要观看时打开即可，隔板沿着滑轨顺势遮住书柜；上方边吊内侧暗嵌投影幕布，周末夜晚关上灯光就着夜色欣赏一部经典电影则是属于夫妇俩的愉快时光。

整体方案采取"循序渐进"的思路，客厅主打现代风格，以柔和奶咖色为主调，搭配浅灰烘托氛围，干练不失温婉。进入餐厨区域，叠加美式线条元素，和谐过渡。直到奶奶的卧室，转变为经典的美式格调，橘色空间显得饱满明亮，保留暗卫做成套房，细枝末节都是儿女一片至纯孝心。

专家点评
EXPERT'S REVIEW

本案例现代与美式风格融合得恰到好处，既有美式风格的沉稳浪漫，又有现代风格的时尚干练。设计师运用空间语言将两种风格惊喜混搭，碰撞中追寻和谐，是一次成功的尝试。

第三章

现代 轻奢

　　作为工业社会的产物，现代主义风格起源于1919年的包豪斯(Bauhaus)学派。包豪斯提倡突破传统，重视功能和空间组织，反对多余装饰，崇尚合理的构成工艺，讲究材料自身的质地和色彩的配置效果。经过较长时间的发展后，其因侧重不同被划分为高技派、风格派、白色派、极简主义、装饰主义、后现代风格、解构主义、新现代主义等八个主要流派。无论怎样划分，现代风格追求的始终是空间的实用性和灵活性、选材上的多变性、色彩搭配上的变幻性以及设计上的创造性和开放性。

现代艺术空间
打造美学境界

 **SPATIAL ANALYSIS**

　　本案例是联排别墅，共五层楼，原始布局合理，功能规划应有尽有。设计师根据楼房本身特点，因地制宜。负一楼和一楼设为公区，餐厨比邻，两个客厅分层而建，自成一派又相互呼应；二楼、三楼为休息区，作为一家三口起居使用；四楼是多功能区，舞蹈室、健身房、书房，功能完善；阁楼则改造为男主人的手工作坊，保留一方精神角落。

花溪半岛

Type	Area	Style
户型	面积	风格
联排	380m²	现代艺术

—— 1楼原始户型图 ——

—— 1楼结构改造图 ——

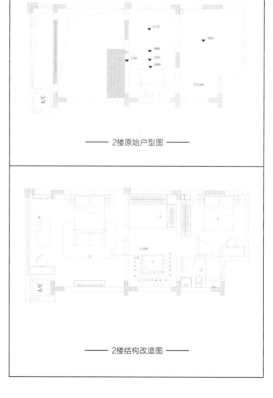

—— 2楼原始户型图 ——

—— 2楼结构改造图 ——

01 沙发椅
材质：布艺

02 挂画
材质：铝合金+布艺

设计思路 **DESIGN CONCEPT**

　　男业主温和儒雅，希望新家有艺术质感，温馨而独特。设计师围绕艺术感和实用性，以满足日常生活功能的需求为前提，结合两者展开设计。

　　硬装上凸显利落的线条感，软装和配饰大胆跳色，艺术品的调节叠加个性与潮流元素，抽象派挂画点缀视觉重点，诠释出现代艺术风的独特与时尚。这个家，充满了美、艺术和烟火气。这家人，亦会带着爱意，接纳梦想，抒写不凡。

作品赏析 WORK APPRECIATION

　　玄关和琴房采用黑白花砖做空间过渡，巨幅后现代装饰画，极富视觉张力。一楼墙漆、沙发、地毯的灰色贯穿客厅，熊猫石茶几彰显艺术气韵。金属色落地灯加入，明蓝和暖橘色软装碰撞，带来另类的视觉感受；香格里拉窗帘勾勒光影，明暗对比，给予空间无限想象。

负一楼围合式西厨配合L形操作台，扩宽烹饪空间；餐厅和小客厅合二为一，宝石蓝丝绒餐椅搭配灰色大理石餐桌、同色系棉花糖沙发、白绿色蘑菇茶几和立体主义挂画，融合文艺与闲逸。

卧室设计从居住者的角度出发。主卧用灰白做主色调，橙蓝双色点缀，极简线条穿插，除却浮躁，寻求安宁。

女儿房间添加粉色、绿色，融入卡通元素，充满少女心。

四楼大量使用玻璃和钢架铸成综合区，打开天窗，拉开窗帘，还能在家里眺望星空和远方。

03 挂画
材质：画布+木质框

04 塑料ins风茶几
材质：塑料

05 斗柜
材质：玻璃+铁艺

　　现代艺术家居不是简单的艺术品堆砌，它考验设计师对空间的规划、结构的理解，以及硬、软装的搭配。

　　本案将现代风的利落感和艺术性融合得恰到好处，灰色作为主基调强调现代极简，简化硬装造型，用灯饰、挂画凸显个性，兼具实用性和时尚感。

阳光别墅

解锁诗意生活

UNLOCK
POETIC LIFE

Type	Area	Style
户型	面积	风格
叠拼	280m²	现代风

—— 1楼原始户型图 ——

—— 1楼结构改造图 ——

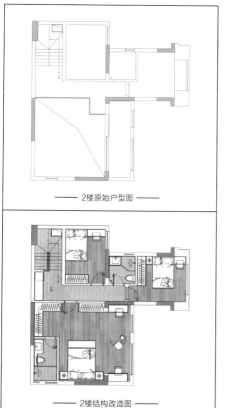

—— 2楼原始户型图 ——

—— 2楼结构改造图 ——

空间
解析 **SPATIAL ANALYSIS**

　　本案例是一套叠拼别墅,自带花园,有两层地下结构,整体空间通风采光条件较差。业主一家三代同堂,追求居所阳光大气。设计师打破空间界限,有效分配功能区,把通透性与利用率做到极致。

　　负二楼新建墙体分割空间,更改布局,设置玄关、多功能室、盥洗区三大空间;负一楼改为半挑空设计,为负二楼引入光源,余下区域做儿童区和小卧室;一楼融合客厅、阳台,侧开门洞与花园相连,把自然带入室内;二楼现浇楼板,融合原始回廊作为主卧,整个空间物尽其用。

设计思路 DESIGN CONCEPT

　　现代风格追求时尚与潮流，注重空间与功能的结合。本案例围绕简约不简单、平淡不平凡的基调，最大限度释放空间的"阔绰"气质，整体设计大气、通透。

　　客餐一体化打造开阔视野，挑高设计配合采光井延伸纵向感，简约的线条造型勾勒灵活的视觉映像。每一处软装选材都颇费心思，强调原始、自然的肌理感，皮质餐椅、木质护墙板、石材背景墙，通过不同材质相互配合，彰显高品质。

客厅采用无主灯设计，强化流畅的视觉感受。白色和灰色铺就空间，柜子用香槟金，整体不张扬，颇具内涵。客厅墙面用石材与木格栅装饰，石景效果逼真沉厚，层次分明。

负一楼特意保留空间收藏孩子的照片和玩具，这里将会承载他们的童年记忆。

01 落地灯
材质：玻璃+不锈钢

采光井直抵负二楼的多功能室，光线洒入，光影错落，明亮开阔。复合材料集成墙板，可避免室内潮气。墙板和石材一壁到顶，空间高挑，高级感浓厚。

花园保持随性自然的调性，阳光、绿叶、天空自成一景，映入眼帘。

主卧床头背景墙用木格栅丰富层次感，榆木色温润沉静，为业主夫妻带来好梦；儿童房设计更为跳跃，配色活泼，城堡造型的床头，柔软饱满，童趣十足。

专家点评

EXPERT'S REVIEW

户型改造不是炫技，而是基于居者的生活需求做针对性调整。本案设计师通过分层规划，合理分配功能区，同时弥补了原始户型采光与通风不足的缺陷，打造出符合业主要求的居所。本案设计师用心解读业主需求，对材料与技术的驾驭能力非常强。

现代混搭
干净气质渲染高级感
MODERN MASHUP

空间解析 SPATIAL ANALYSIS

原始户型视野极佳，空间规划全面，但缺少大平层的通透感。考虑到本案常住人口仅业主夫妻两人，设计师改四房为三房，将小次卧改为衣帽间和书房，满足收纳和办公需求。主卫侧墙外推，扩大使用面积，设置干湿分区。两个外阳台只保留一个做休闲花园，展示建筑本身的格调；另一个阳台融入客厅，扩大室内空间。吧台与西厨结合，与客厅比邻，实现功能多元化。

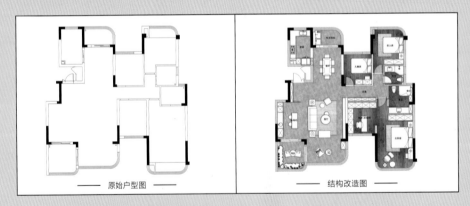

—— 原始户型图 ——　　　　—— 结构改造图 ——

设计思路 DESIGN CONCEPT

女主人热衷"囤货"，男主人爱干净，追求整洁与秩序。夫妻俩热爱生活，注重空间品质，他们希望家里温馨舒适，收纳性能强大，拒绝浮夸设计。

设计师结合居者生活习惯和设计需求，以强化收纳性能和渲染松弛感为核心。空间上，根据结构，尽可能规划储物区域，提高空间利用率。硬装上，没有复杂的造型和花哨的装饰，色彩干净，以"亲肤"的奶杏色为主，白色和灰色过渡，奶咖色和橙色做点缀，整体色调柔和、舒适，营造出恬静的放松居所。

龙湖舜山府

Type	Area	Style
户型	面积	风格
四居室	148m²	现代混搭

DESIGNER

王宇婷
主创设计师

- 从事装饰设计行业13年
- 现代、珥本、北欧、意式轻奢、港式等
- 中国建筑装饰协会注册高级室内设计师
- 2018年"筑巢奖"别墅住宅类入围奖
- 中级建筑工程师

"设计是一种追求品位的生活理念"

WORK APPRECIATION

公区色调层次渐进，无主灯设计提升极简质感。客餐厨一体化设计，不浪费一丝面积。玄关柜和电视边柜一壁到顶，隐形把手设计与染色胡桃木饰面美观大气。"豆腐块"组合沙发集方正沉稳和慵懒轻松于一体。

休闲吧台位于沙发背后。云灰色岩板吧台成为动线中心，配合西厨料理台，延展厨房功能，在早晨和爱人煮一壶咖啡，一碗轻食，悠闲自在。

餐厅打造整壁酒柜，深色柜体在灯带的渲染下体现高雅生活。酒柜门一门两用，烹饪时滑至厨房就能隔离油烟。

白色藤椅和绿植形成独特的风景，给业主夫妻保留亲近自然的闲适之隅。

主卧强调舒适，悬浮吊顶轻盈又高级，搭配无主灯设计，柔和不刺眼；木纹墙板加肤感烤漆混油墙板组合，秩序分明，触感温润。

次卧作为预留儿童房，仅放置简单的沙发床，"ins风"配饰，展现文艺、慵懒的感觉。

01 沙发椅
材质：布艺

02 床头柜
材质：岩板+实木

03 藤编墙壁挂饰
材质：藤

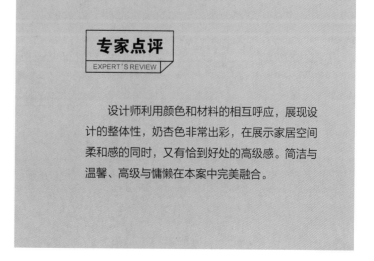

专家点评
EXPERT'S REVIEW

　　设计师利用颜色和材料的相互呼应，展现设计的整体性，奶杏色非常出彩，在展示家居空间柔和感的同时，又有恰到好处的高级感。简洁与温馨、高级与慵懒在本案中完美融合。

滨江壹号

Type	Area	Style
户型	面积	风格
三居室	100m²	现代

黑暗荣耀
自由的灵魂不朽

空间解析 SPATIAL ANALYSIS

本案是比较典型的"聚宝盆"户型——公区位于房间正中心，其他功能区分布四周，无论到哪里都需要从中庭穿过，动线交织混乱，体验感较差。

根据屋主需求，重点对几处区域进行改动：首先扩宽门厅，主卧内推，优化空间分布的同时改变开门方向，顺带缩短动线。其次改造东南角次卧，增加卫生间面积，设置L形独立衣帽间，丰富储物空间。最后拆除阳台及飘窗，整个空间更靠近采光面，使室内的通风、采光得到明显改善。

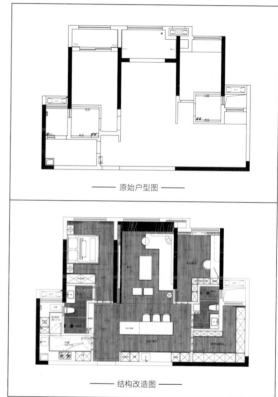

—— 原始户型图 ——

—— 结构改造图 ——

设计思路 DESIGN CONCEPT

"我们来到这个世界上，不是为了迎合每一个人，而是为了找到同频的那小部分人。我不觉得孤独，说得浪漫一些，我完全自由。"

本案的业主是一个很有想法的男青年，对暗色系情有独钟。他对于家的追求，是超越身体舒适之上的心灵感应。不迎合大众审美，不刻意营造温馨，只需要简简单单躲避喧嚣，释放真我。设计师以黑色作为全屋基调，释放居住者内敛、隐秘的内心情绪，通过石材营造清冷感，不会带有太强的攻击性或是不合时宜的热烈，给予"热爱与自己对话的人"真正的归处。

整个风格定位为"黑暗荣耀",设计师通过不同材质实现暗色系的层次感。大理石电视墙与蘑菇石装饰墙形成反差,两种石材碰撞,让空间的纹理和质感更丰富。

客厅弱化"会客"功能,强化"起居"属性,对于居住的感受考量更多。皮革沙发搭配木质护墙板,轻奢高级;边几取代常规茶几,简单浪漫。低照度隐藏射灯洗墙,氛围感拉满,围合式的大理石地台,使客厅空间的包裹感更强,配合baxter云朵沙发,慵懒自然流淌,满足业主追求的隐秘舒适感。

01 3D雾化壁炉
材质:金属

02 极简落地灯
材质:金属

餐厨区域打造为开放式厨房+西厨岛台，橱柜嵌入冰吧，满足居者小酌的爱好。线性吊灯光源+定点筒灯加大照度，提高用餐区采光亮度。隐形门与木质护墙板衔接，两者浑然天成，同为一体，减少空间分割感。

卧室格调简约，以内敛呈现质感。马莱漆墙面与乳胶漆顶面形成反差，带来高级感。独立衣帽间内，柜门选用透明玻璃款式，配合柜内光源，营造出美轮美奂的高级橱窗感。

03 极简吊灯
材质：金属

专家点评
EXPERT'S REVIEW

黑色是设计中不可或缺的颜色，经久不衰，带有与生俱来的王者气质。本案设计师通过对各种材质的混搭运用，让空间虽处于暗色之中，但自有一种明暗反差、暗自流动的美。黑色的呈现不呆板不寡淡，深沉而不压抑，个性化而不怪异，彰显出一种小众但热忱的生活态度。

一隅留白

畅享都市慢时光

ENJOY URBAN SLOW TIME

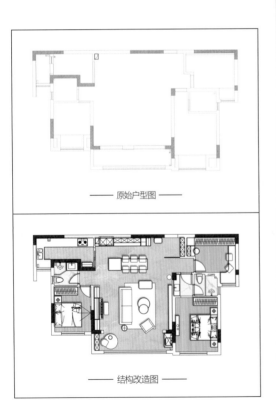

— 原始户型图 —

— 结构改造图 —

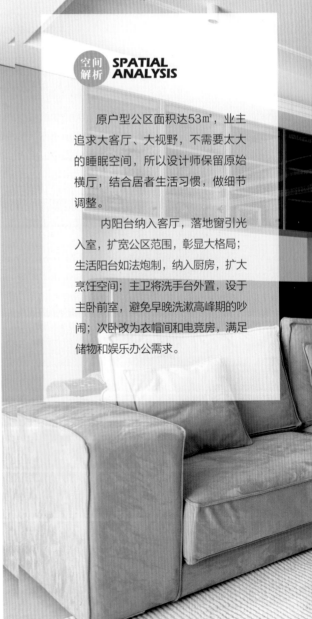

空间解析 **SPATIAL ANALYSIS**

原户型公区面积达53㎡，业主追求大客厅、大视野，不需要太大的睡眠空间，所以设计师保留原始横厅，结合居者生活习惯，做细节调整。

内阳台纳入客厅，落地窗引光入室，扩宽公区范围，彰显大格局；生活阳台如法炮制，纳入厨房，扩大烹饪空间；主卫将洗手台外置，设于主卧前室，避免早晚洗漱高峰期的吵闹；次卧改为衣帽间和电竞房，满足储物和娱乐办公需求。

设计思路 DESIGN CONCEPT

本案业主是一名青年律师，期望家是温馨的港湾，能缓解压力，提供治愈感。设计师运用"留白"的设计思路，让极简和柔软冲破严谨与缜密，渲染不紧不慢的居家时光。硬装上摒弃复杂造型，仅用线条勾勒。柜门采用无拉手设计，一壁成型，营造都市干练的轻奢意境；再通过各种质感的家具混搭出不同格调，色彩和材质模糊风格的边界，让空间充满温馨的居家烟火气。

龙樾生态城

Type	Area	Style
户型	面积	风格
三居室	105m²	现代

作品赏析 WORK APPRECIATION

　　玄关用超白长虹玻璃隔断，透光不透视，不仅能分割空间、保护隐私，还能引入光源，添加朦胧美感。

　　公区设计以"最大化"为原则。餐岛一体，集料理、收纳、用餐等诸多功能为一体，一举多得。

　　客厅以杏灰色为基底，搭配同色系柜面，温馨柔美。自然光透过梦幻帘洒向室内，在绒面沙发的包裹下，舒适度得到最大化提升。

　　内阳台拆除后，用弧形弱化梁深，装饰承重墙；电视墙用石膏线条装饰，美化墙面的同时还能纠正中轴问题。

01 羽毛吊灯
材质：金属

02 卧室床头灯
材质：金属

03 马鞍椅
材质：皮质

主卧高贵而不失温柔。杏灰色墙漆，中和黑色床头的沉闷，石膏雕花线条丰富空间层次。衣帽间分区设计，集陈列、收纳于一体，梳妆台与衣柜相邻，合理运用小空间。

02

03

专家点评
EXPERT'S REVIEW

　　杏灰色色调自然、质感细腻，运用在现代风格当中，显得温柔又高级。本案设计师大量使用石膏线条进行装饰，不仅保留了整体风格的简洁利落，还给空间增添了恰到好处的立体感和精致感。

AMERICAN
LIGHT LUXURY

鎏金岁月

LDK打造开阔之家

DESIGNER

王国钦
导师设计师

- 从事装饰设计行业23年
- 美式、混搭、欧式、中式、北欧、现代简约
- 2009年重庆十大新锐设计师
- 2011年中国金堂设计大赛"金堂奖"——购物空间优秀奖
- 中级室内装饰设计师
- 重庆工商大学MFA艺术硕士协同创新中心导师

"设计所创造的空间感觉是设计师
最初梦想与现实相通的载体"

空间解析 **SPATIAL ANALYSIS**

原始户型面积有145㎡，但墙体较多、空间分割零碎，反而显得小气。这套房子是业主夫妇为了迎接即将到来的退休生活而购置的改善型住房，常住两人，不需保留太多卧室，希望这套房子有大气开阔的气质。

设计师运用LDK（即客厅、餐厅、厨房共处一个开放空间）的设计手法，让公区完整融合。尽量拆掉其他区域不必要的墙体，让室内的感受更加开阔。

紫云台

Type	Area	Style
户型	面积	风格
三居室	145m²	现代轻奢

—— 原始户型图 ——

—— 结构改造图 ——

01

设计思路 DESIGN CONCEPT

前期沟通中，业主表达了他们对整体格调大气、敞亮的要求，色彩不能太厚重。设计师结合本案例室内采光条件和业主夫妇的整体期望，将基调定位为华丽而不过分张扬的现代轻奢。

造型无需繁复，简单自带高级，整屋造型配饰多大气耐看，重点突出居室简约但不乏贵气的沉淀质感。

01 岩板茶几
材质：岩板+松木+金属

02 黑色气球小熊
材质：大理石、树脂

作品
赏析 **WORK APPRECIATION**

拆除多余墙体后，空间融为一体，变得开阔无遮挡。整个公区以淡香槟金为基调，塑造华贵的气质。大理石背景墙纹路典雅，随光影反射，让视觉随之流动，与地面云纹瓷砖相互辉映。

在常规的LDK设计中，封闭式书房会改为开放式，本案也不例外。但设计师在考虑客厅与书房的衔接时有所不同，采用了半墙设计。两个空间连通起来，避免整面墙体对空间的割断，视线无遮挡，空间开阔大气、隔而不断，相互独立又和谐相连。

开放式厨房，淡烟灰色橱柜搭配同色系的大理石墙砖内敛大气，台面和吧台、餐桌都选用了岩板材质，整体性强，气质端庄。

设计师在基础的改造手法中充分考虑户型特色，打造出更适合业主的起居环境。香槟色系的选择与金属、石材的运用，将大气端庄贯彻到了每个设计细节中。

第四章

原木 | 自然

原木风格是一种自然、质朴、素雅的装修风格，它的起源可以追溯到18世纪的欧美国家。随着家具制造业开始发展，原木加工日益兴盛，逐渐诞生出一种带有自然主义的室内设计——LOG STYLE，原木风格可以划分为其中的一个分支。原木风格有几点精髓：摒弃烦琐多变的装饰，讲究空间减法设计；大量使用原木家具，以凸显原木的纹理和色泽；添加竹艺、藤编等天然材料，营造出充满自然香气的舒适氛围。越高级的原木风越注重空间的统一。因为统一的色调、统一的材质，能带来纯粹温馨、不加修饰的自然气息。

日式原木，治愈系生活

春森彼岸

Type	**Area**	**Style**
户型	面积	风格
两居室	80m²	日式原木风

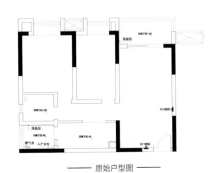

—— 原始户型图 ——

—— 结构改造图 ——

原始户型是一个小两室，结构方正、空间紧凑，通风采光条件俱佳。户型明显缺陷在于入户见厅，缺乏私密性，而且区域划分零散、狭窄不便，过道面积浪费，厨房处于背光面。

设计师采取"一推一开、一扩一拆"的思路进行改造：卧室内推、厨房打开做开放式，给餐厅让出空间；客厅外扩、阳台内包，增加玄关位置；再将卫生间的盥洗区和蹲便及淋浴区拆分，移出盥洗台，干湿分离，使用更便利。

设计思路 DESIGN CONCEPT

业主是一对年轻的夫妻，养着一只柴犬。喜欢日式风格的他们想要一个实用、温馨有质感的家。两人一狗，三餐四季，把眼下的生活过成最幸福惬意的日子。

设计师根据需求，在保留两室格局不变的情况下，通过墙体改动提升生活的舒适度和便利度。整体风格定位日式原木，干净整洁而不失自然质感，惬意而治愈。

01 复古床头灯
材质：玻璃

作品赏析 WORK APPRECIATION

　　原木材质和纯色背景填充温润与恬静，极简线条勾勒理想人居。整个案例以木质为基础，白底浅灰为主色调，在不偏离日式原木风格的前提下为空间注入了更多活力，符合年轻人的时尚审美，大量运用灰色纹理的橡木，提升了空间质感。

温馨的空间中处处彰显设计师细腻的心思：悬空的鞋柜兼具收纳与遮挡功能。水泥灰质感漆修饰横梁，保留采光条件的同时更有别样的日式风味。搭配定制的地台沙发，干净典雅，低层高也能有"大视野"。

02 地台沙发
材质：实木+布艺

03 侘寂风茶几
材质：榫卯结构+油漆工艺+实木

专家点评

EXPERT'S REVIEW

　　原木风讲究朴素、自然、静谧的设计理念和特点，强调人与自然的和谐共处。本案例设计师在线条的运用与房屋缺陷处理中谨遵"大道至简"的原则，以一个设计实现多种功能，展现出了强大的灵活应变能力与对原木风格的理解力。

爱意可抵
岁月漫长

新江与城清晖岸

Type	Area	Style
户型	面积	风格
四居室	130m²	原木风

ENDLESS

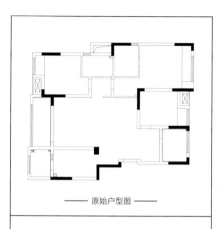

—— 原始户型图 ——

—— 结构改造图 ——

SPATIAL ANALYSIS
空间解析

原始户型方正，采光通风环境优良，局部空间做优化调整：阳台包进室内，增加客厅空间；厨房隔墙拆除，半开放式空间加强了家人间的沟通。生活阳台动线相应调整，进出方向便利日常。

西北角卧室改为书房，玻璃做围挡，通透开阔。餐厅区域让出部分面积给次卧，区域分布合理，公区更显方正。

DESIGN CONCEPT
设计思路

房子作为家的载体，最能呈现一个家庭的生活方式。对于工作繁忙的异地夫妻而言，家的意义是方向、是终点，回家的一瞬间就应该是被温暖、轻松所包裹的。设计师想打造一个温暖通透，实用美观的品质居所，在满足居家基本功能需求的同时，给居住增添更多的互动——打破空间上的隔阂，增进心灵间的沟通。

WORK APPRECIATION

　　温暖、舒适的氛围，让人置身其中就能感受到浓浓的爱意。全屋定调为原木风格，并在此基础上加入时尚元素，让空间的层次更丰富，更有质感。白色+原木的搭配运用，奠定自然惬意的视觉基调，棕色、灰色点缀调和，在舒适的氛围中更添一丝复古风情。

　　透明书房的设计，满足功能分区的同时，让客厅视线无遮挡。顶面横梁做弧面处理，提升空间柔和度。高低茶几利用玻璃与藤编材质的碰撞实现原木与时尚的融合。软包的棕色直排沙发为客厅增添一抹浓重的色彩。

设计的魅力在于它的千变万化，同一种风格能演绎万千种风情。本案例设计师通过颜色、材质的碰撞，给了原木风更多层次的体现。将视觉享受拉到极致的同时，兼顾空间的功能性与使用者的情感交流，提升了整个空间的温度，使之更富人情味。

大横厅遇上落地窗

甜蜜婚房演绎『简单爱』

SIMPLE LOVE

集美嘉悦

Type	Area	Style
户型	面积	风格
四居室	106m²	原木风

DESIGNER

刘桃羽

主创设计师

· 从事装饰设计行业10年
· 现代简约、日式、美式、新中式、奶油风、
  北欧风等

"以人为本，形式追随功能，功能基础上追求效果的极致"

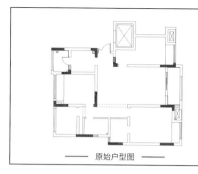

—— 原始户型图 ——

—— 结构改造图 ——

空间解析 SPATIAL ANALYSIS

　　本案户型结构方正，采光通风效果好，区域分布合理。不足之处在于入户的走廊狭窄，生活动线不够流畅。空间改造通过拆除临近入户两边的非承重墙设置出"洄游动线"，结合餐厅、客厅、活动间三大公区形成大横厅效果，以最小的改动换取最大的视觉空间。

设计思路 DESIGN CONCEPT

　　有人喜欢轰轰烈烈的宣告，也有人喜欢"我们站着，不说话，就十分美好"的感觉。不只是感情，家也一样。

　　本案是年轻夫妻的婚房，他们对家的理解是浪漫、温馨，不受束缚。设计师结合女业主对原木风的偏爱和夫妻俩的生活需求，打造了一个简约而美好、静谧但自在的原木空间。

01 百褶落地灯
材质：布+金属

02 云朵沙发
材质：冰雪绒布料+海绵

大量原木、棉麻家具奠定空间浓厚的自然气息，大横厅设计以及浅色系墙面和柜门的加持，弱化遮挡感，整体提升空间的开阔感和通透感。不论是颜色的选择还是材质的取舍，都围绕舒适、轻松为主的氛围基调，置身其中令人心旷神怡，仿佛时光流逝也变缓慢了。

03 日式茶几桌
材质：楠竹

本案在设计中十分重视生活的便利性。全屋柜体多为一壁到顶，确保储物空间的充足，同时在恰当位置设置柜体隔断或镂空，减少厚重感，让空间更轻盈。

餐边柜更是弱化了承重墙的存在感，通过对空间动线的梳理与重构，在生活、情感需求等不同层面，都构筑出业主心中的理想之家。

把对生活的憧憬融于家的每个角落，静谧美好的"简单爱"在百平米空间里得到了场景化的诠释。

本案利用木材的原始生命力，辅以匠人的思想与技术，让静谧的空间在呼吸间散发出与人契合的磁场，足见设计师对细节极强的掌控力。

空间的**留白艺术**

THE ART OF LEAVING SPACE BLANK
LET LIFE FILL IT

就让生活去填满

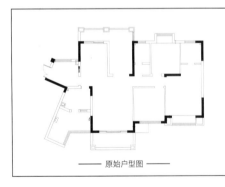

—— 原始户型图 ——

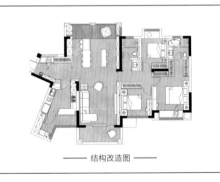

—— 结构改造图 ——

SPATIAL ANALYSIS

原始户型主体方正，入户与厨房空间为异形结构，比较明显的缺点在于过道狭长和采光不足。将次卧纳入餐厅，拆掉客厅与厨房的隔墙后将三个空间整合一体，给予公区更充足的活动空间，顺带解决过道狭长的问题。生活阳台与卧室阳台打通后包进室内，抬高10cm做地台，增加休闲活动区域，让狭小昏暗的公区更明亮开阔。

爱加西西里

Type	Area	Style
户型	面积	风格
四居室	126m²	现代原木风

设计思路 DESIGN CONCEPT

　　本案常住一家三口，老人偶尔过来暂住，业主希望新家简约、有质感且实用。考虑到孩子年幼，处于活泼好动的成长阶段，设计师在满足夫妇俩日常习惯与需求之外，增加亲子互动的设计，助于家人联络情感。空间规划尽可能扩大公共区域，大面积留白，让居住者用"生活"去填满。

　　整套案例色调清新淡雅，低饱和度的暖灰和奶咖色奠定舒适基调，搭配木质家具，空间色彩高度融合，给予感官最大限度的放松感受。空间无赘饰，一幅装饰画呼应墨绿色沙发，作为点睛之笔，小推车代替传统厚重的茶几，客厅大面积留白的区域作为孩子的娱乐区。

01 摇椅
材质：金属+科技布

02 小推车移动茶几
材质：榉木+PP塑胶

开放式书墙和简约版榻榻米，为餐厅区域赋予更多可能性。落地窗引入自然光线，午后家人一起看书、品茗，即可悠享闲暇时刻。

03 北欧风实木餐桌
材质：白蜡木+榫卯工艺

白色背景墙搭配原木家具，给人带来全新的自然感受。轻盈的纱质窗帘，让空间格调显得更加宁静致远。在这里拿起一本书，便可以享受专属的休闲时光。

卧室选用不同墙漆颜色装饰，主卧延续奶咖色、白色和原木色的基础色调，打造安逸、轻松的氛围。儿童房的嫩绿色极具辨识度，床头迷你秋千增添童趣，意趣盎然，显现出生活的勃勃生机。

NARROW SENSE

　　原木风格不单单体现在原木材质的使用上，还有文化气质和空间通透感的塑造。本案设计师恰到好处地将三者进行融合，从空间的留白、材质的选用和功能区的划分等多重角度打造了一个自然舒适的家。

向暖而生
向心而栖

Live towards the heart

融汇半岛

Type	Area	Style
户型	面积	风格
三居室	95m²	日式原木

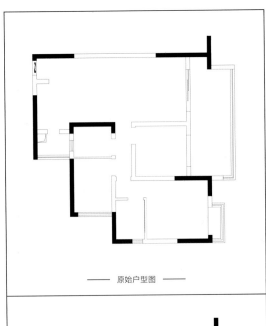

—— 原始户型图 ——

—— 结构改造图 ——

 SPATIAL ANALYSIS

原始户型结构方正，三面采光，各功能区略显拥挤。考虑到仅业主夫妻常住，设计师以强化功能为前提，进行空间重组，用最小的改动换取最大的舒适。

厨房整体向生活阳台挪动，匀出来的空间打造入户玄关。次卧改成榻榻米茶室，供两人享受幽静时光。主卫结构调整，满足干湿分区。另一个次卧改成衣帽间并入主卧，做成大套房，舒适大气。

设计
思路 **DESIGN CONCEPT**

男主人追求简单清爽，女主人偏爱日式温馨，他们希望装修出来的新家能成为放松身心的栖息之所。设计师以原木为基调，增加日式榻榻米元素，叠加简约气质，让风格的经典元素贯穿空间，打造一个治愈系居所。

WORK APPRECIATION
作品赏析

镂空的木质隔断圈出一方玄关，与客厅一屏相隔，隐约之间流露生活意趣。

客厅奶油色背景墙，简洁、淡雅，原木色地板通铺扩大视觉效果。小茶几与沙发十分轻巧，棉麻、藤编元素贴近自然，展示出干净利落的写意美感。

餐厅固定卡座的设计，既节省空间又满足储物需求。"内Z形"桌腿线条简约。餐边柜选用白色门板，中部留空方便搁置常用小家电，便捷实用。

01 抽象摆件
材质：树脂

02 路易椅
材质：实木

穿过樟木门进入茶室，心中的浮躁瞬间平稳。落地大窗增加茶室的通透性，减少低层高带来的压抑感。百叶窗帘投射光影变化，意蕴悠长。

奶油色墙漆和奶茶色窗帘为主卧增添静谧舒适，实木的落地床架和床头柜相得益彰。

专家点评
EXPERT'S REVIEW

室内设计是平衡空间与人的艺术。本案设计师对空间的规划、功能的设计、家具的选择均考虑了居者的居住体验，不仅展现出原木的自然，同时也融合了日式原木的特点，可以说是功能性、实用性、艺术性俱佳。